湛庐CHEERS

与最聪明的人共同进化

HERE COMES EVERYBODY

CHEERS
湛庐

THE LITTLE BOOK OF TALENT
像高手一样行动

【英】丹尼尔·科伊尔 著
Daniel Coyle

何蓉 译

中国纺织出版社有限公司

重复的行为造就了我们。

因此，卓越不是一种行动，而是一种习惯。

——

亚里士多德

序 言

从菜鸟到高手

从《一万小时天才理论》开始

几年前，我在一家杂志社工作，有机会走访了一些人才温床，就是那些在体育、艺术、商业、数学等领域诞生了大量世界级人物的小地方。这些地方包括:

- 位于莫斯科的一家破烂不堪的网球俱乐部，该俱乐部在 2009—2011年培养出的世界排名前 20 的女选手数量超过了美国全国培养出的数量。

- 阿迪朗达克（Adirondacks）是一座简陋的音乐营，学生在那里可以在 7 周内取得在其他地方 1 年才能取得的进步。
- 加利福尼亚州内陆城市圣马特奥县的一所宪章学校[①]，该学校在 4 年内将常年垫底的学生数学成绩大幅提升、名列前茅。
- 达拉斯的一家声乐室，该声乐室在过去 10 多年里培养的流行音乐天才创造了成百上千万美元的市场价值。

这些调研还让我结识了一种不同类型的温床：全美各地的实验室和研究中心，它们正在研究关于天赋开发的新科学知识。数百年来，人们总是想当然地认

① 宪章学校又称特许学校，是美国在 20 世纪 90 年代兴起的教育改革运动的产物，宪章学校是一种独立运作的公立学校，是美国的社区公众选择教育的一种方式。——译者注

为天赋基本上是与生俱来的，是出生时自带的基因。但现在，得益于包括 K. 安德斯 · 埃里克森博士（Dr. K. Anders Ericsson）、道格拉斯 · 菲尔茨博士（Dr. Douglas Fields）和罗伯特 · 比约克博士（Dr. Robert Bjork）在内的大量科学家的努力，人们对天赋的传统认知被颠覆了。取而代之的是一种全新的观点，这种观点认为，在决定天赋的因素中，基因起的作用要远低于我们的想象，而行动起的作用则远超我们的想象。具体来说就是，天赋是高频的练习与促进人类大脑发育[①]的动机的结合。我的项目演变成了一本书，名为《一万小时天才理论》[②]，书中讲述了人才温床是如何通过调整自身使其与大脑的自然机制相匹配，进

① 为何发育的是大脑？因为天赋开发与大脑成长有关。“肌肉记忆”实际上并不存在，这是因为我们的肌肉仅仅听命于大脑。因此，新的科学可以总结如下：你想开发天赋吗？那么通过高频练习打造一个更聪明的大脑吧。

②《一万小时天才理论》（*The Talent Code*）诠释了天才的“一万小时法则”，带领你看到人们的情感个性与激情的力量。该书中文简体字版已由湛庐引进，由浙江人民出版社于 2015 年出版。——编者注

而成功帮助人们习得技能的。

不过，一路走来，我在旅途中有许多意想不到的收获。我不仅是一名记者，还碰巧是四个孩子的爸爸，一名义务排球教练员，还是一位女性曲棍球爱好者的丈夫。平日里，我们一家在学习和提升技能时会遇到一些常见问题，并为此感到焦虑和困扰。比如，我们如何帮助女儿学习九九乘法表？如何辨别孩子是一时兴起还是真有天赋？激发他们学习动机的最佳途径是什么？我们如何在不变成神经质父母或者避免让孩子感到高压和不快乐的情况下，鼓励他们取得进步？事实证明，拜访这些了不起的地方不仅仅让我有机会成为一名好记者，还让我有机会成为一个更好的教练和更称职的爸爸。

事情开始于我拜访第一个人才温床之际，那是位于莫斯科的斯巴达克网球俱乐部（Spartak Tennis Club）。在探访该俱乐部的第一天早上，我散步时看到一些排球运动员在无球的情况下用慢动作挥舞球拍，而老师仔细地调整纠正他们的动作。我注意到，老师们会习惯性地将不同年龄组的球员混在一起。我观察到年轻运动员的目光会牢牢地锁定着更为年长的球星们，就好像他们正在脑海中击溃对方完美的正击和反手拍动作。这时，我脑中的一个想法开始成形。

我知道自己回家后一定可以用得上这些素材。

此后，只要我发现了一个有价值的建议或是可能有用的方法，我都会将其摘要记在笔记本上，并用醒目的粉色便利贴将那一页标注好。我草草地写下类似于“要用夸张的方式去做新动作”、“压缩练习的空间”以及“多多休息”（我个人偏爱的）等建议。在调研的那一年里，我的笔记本边缘“长”出了茂密的“粉色森林”。

这些建议得到了相当好的反馈，我家孩子的小提琴、钢琴演奏技巧，我妻子的曲棍球技巧以及我执教的小联盟棒球队的胜负比（这支历史表现糟糕的队伍在我手上以全明星阵容取得了 10 胜 3 负的成绩，差点儿打入区域赛）都得到了迅速且稳定的提升。《一万小时天才理论》这本书出版之后，我开始听说一些团队根据书中提到的指导原则打造属于他们自己的天赋开发项目：这些团队包括缅因州的一所宪章学校、明尼苏达州的一个护理团队、佛罗里达州的一所高尔夫学院、加利福尼亚州的一个 SAT[①] 预备班、一支大学一级联赛篮球队、一家软件公司、军事特种兵训练组织和几支专业运动队等。我不断旅行并拜访了更多的人才温床，与更多的大师级教练交谈，补充了更多的粉色便利贴。在某一刻，我意识到自己有必要将所有的建议整合到一个地方。

这本书就是那个地方。

---

① SAT 全称 Scholastic Aptitude Test，即学能测验。美国大学入学考试委员会首创、1948 年后由教育测验服务中心举办的一种用以检查学生在学习学术性科目方面的能力和素质、预测中学生进入高等学校学习的能力倾向考试。旨在帮助学生选择适宜的学校和专业。——编者注

接下来是我搜集的用于提升技能的简单且实用的小贴士，它们源于我拜访的人才温床和研究那些温床的科学家。这些建议都经过了实地检验，科学合理，最重要的是简明扼要。因为归根结底，我们每个人都疲于应付繁忙复杂的生活。父母或老师、孩子或教练、艺术家或企业家，我们每一个人都希望充分利用自己的时间和精力。当谈到天赋开发这个话题时，我们可以用一本用户手册告诉大家“做这个，别做那个”。我们可以把大师级教练的建议塞进口袋里，可以用一本口袋书去指导自己的行为。

成为高手要坚守的 52 条原则

让我们从这些原则开始：

（1）所有人都有这样或那样的天赋；

（2）我们不确定如何充分开发这些天赋。

对于我们多数人来说，开发天赋的关键词是“如何”。我们如何认清自己和身边人的天赋？早期阶段该如何培育天赋？如何用最少的时间取得最大的进步？如何在不同的策略、老师和方法中进行选择？

这本书的根本思想：开发天赋的最佳途径是根据已被人才温床验证的技巧去练习。我将搜集的小贴士分为三个自然范畴，这样的划分也构成了本书的框架：

（1）做好准备：激发动机并为你想要习得的技能做好规划；

（2）提升技能：在最短时间内取得最大进步的方法和技巧；

（3）维持进步：度过瓶颈期，保持热情，为取得长期的成功而培养习惯。

书中的每一部分都包含一系列的小贴士。这些贴士简明扼要，不是因为我将它们过于简化，而是因为简短才能击中开发天赋的痛点。虽然神经科学基础迷人且复杂，但都以“千里之行，始于足下”这个基本真理为基础。正如大师级声乐教练琳达·塞普蒂安（Linda Septien）所言：“这不是魔法，这也不是难事。这事关努力工作并聪明地工作。”

这同样事关用适合我们生活的方式去努力。这也是我们将这本书设计成口袋书的原因——可塞到口袋、文件夹或运动包里。

从打高尔夫球到学习一门新的语言，从弹奏吉他到管理一家创业公司，无论你打算开发何种天赋，你都要确信：有一种机制是与生俱来的，它可以将你从笨拙的菜鸟改造成具备高效行动力的高手。决定这种机制的不是你的基因，而是你的行动。每一天，每一次练习，都在引导你通往那个不同的未来。这是个大有裨益的想法，而最让人信心满满的是：我上面所说的一切都是真的。

测一测

你知道如何像高手一样行动吗?

扫码加入书架
领取阅读激励

扫码获取全部测试题及答案，
一起了解如何更有效地
完成精深练习

- 以下哪种技能是通过在充满挑战、不断变化的环境中游戏和探索获得的?

  A. 硬技能

  B. 软技能

- 高手愿意冒险去承担犯错带来的痛苦，他们把错误看成是：(单选题)

  A. 必须迈过的难关

  B. 指引进步的路标

  C. 检验勇猛的试金石

  D. 开启智慧之门的钥匙

- 以下哪种做法有助于你成为高手?

  A. 不要在精疲力竭时喊停

  B. 停留在舒适区练习

  C. 用尽可能快的速度练习

  D. 永远把注意力集中在积极的行动上

扫描左侧二维码查看本书更多测试题

目 录

第二部分　提升技能，把时间花在甜蜜区

目 录

PART 1 第一部分

创造动机，鼓励精深练习

THE LITTLE BOOK OF TALENT

52 Tips for Improving Your Skills

PART 1

我们总是被告知，天赋是与生俱来的——天才可以毫不费力地做到其他人望尘莫及的事。这种认知是错误的。天赋始于可以激发行为动机的、短暂且有力的邂逅，这种邂逅让你将自己与那些高水平的人或团队联系起来。这个过程被称为启发（ignition），它包含着微妙的、颠覆性的想法，这个想法可以照亮你的潜意识：我可以成为他们中的一员。

第一部分内容讲述了如何创造动机，以及用最富有建设性的方法发掘你的能量。这一部分的小贴士涵盖了以下几个领域——心态；如何围绕你想要打造的技能设计练习方法；如何有效地从其他顶级选手那里偷师并提高你的学习能力。这些小贴士的目标是一致的：创造动机，鼓励人们进行精深练习。

原则 1
盯住你想成为的那个人

如果你明天去拜访十几个人才温床，你将会震惊于这些学习者用于观察顶级选手的时间是如此得长。我说的“观察”并非指被动地去看，我指的是凝视，那种你在饥饿的猫咪或是新生儿身上看到的生涩的、目不转睛的、全神贯注的凝视。

我们每个人的面前都有一个“超级偶像”，点燃你内心激情的关键之一在于用你对未来生活的憧憬去充实你的“超级偶像”的形象，并且每天不断回放这些画面。研究显示，即便你与行为榜样之间只有浅层次的连接，这也会大大提升你潜意识中的行为动机。例如，有研究认为，如果你得知自己与某位数学家的生日是同一天，那么你投身于困难数学任务的意愿会提高 62%。

很多人才温床都受到“超级偶像”现象的影响。1997 年，美国女子职业高尔夫巡回赛中没有韩国选手。现在，巡回赛中韩国选手的数量超过 40 人，她们能够夺得 1/3 赛事的冠军。这期间发生了什么？一位来自韩国的高尔夫选手成功了（朴世莉在 1998 年赢得两个大满贯赛头衔），数百名韩国女孩受到她的鼓舞，通过她对自己的未来有了新的憧憬。正如韩国高尔夫选手金楚笼所言：“你对自己说，‘如果她可以，我为什么不行？’”

“超级偶像”的理论同样适用于成年人。“绿色贝雷帽”第五特种部队（The 5th Special Forces Group of the Green Berets）在 2012 年启动了一项领导力培训项目，士兵们需要在美国通用电气公司的行政办公室参加为期数周的培训。这些士兵每天早晨前往美国通用电气公司的办公室，陪同高管工作一整天，士兵们只需观察，没有其他任务。当这些士兵回到兵营，指挥官们注意到他们在任务表现、沟通能力和领导力上都有了显著的提升。“毫无疑问这是成功的，我们计划在未来举行更多这样的活动。”第五特种部队的营长迪安·弗兰克斯（Dean Franks）中校说。

把你面前的“超级偶像”想象成大脑的能量来源，使用照片（很多人才温床都贴满了自己培养出的明星的照片和海报）或者视频。我的建议是：收藏一些关于偶像的视频，每次练习前或每天晚上睡觉前拿出来看看。

原则 2
每天花 15 分钟“铭刻”技能

学习一项新技能的最佳途径是什么？是听老师的讲解吗？是阅读一本入门书吗？还是直接开始做？很多人才温床使用的都是被我称为“铭刻法”的方法。一般情况下，他们会密集且高强度地观看成功者的表现，循环播放，直到他们在脑海中建立起一幅高清的思维蓝图。

这是一个关于“铭刻法”的例子。几年前，在电视节目《60 分钟》（*60 Minutes*）里，网球教练、作家蒂莫西·加尔韦（Timothy Gallwey）召集了一群从未打过网球的中年人。加尔韦对这群中年人进行了简单的能力测试，并挑选了看起来最没有潜力的一位女性。然后，什么也没说，加尔韦在那位女性凝视他时开始做正手击球的动作。加尔韦将她的注意力吸引到他的步伐移动、握拍方式和击打节奏上来。这位女性仔细地观察着，然后开始模仿加尔韦的动作。在20分钟内，她就完成了令人震惊的完美的正手击球动作。

另一个“铭刻法”的例子与耳朵相关，是用于学习音乐的铃木音乐教学法。用铃木音乐教学法学习的学员每天在课程之外需要听一个歌单，从《一闪一闪亮晶晶》开始，逐步发展到更为复杂的曲子。学生们会反复聆听这些曲子并铭刻在脑海中。这种听力练习让学生建立起了强有力的且详细的思维蓝图，这里列出了一些“铭刻法”的要点，通过这些要点你可以衡量后续每次尝试的成功或失败。

有效铭记的关键在于创造一层强烈的连接关系：通过密集的观察和聆听，你可以想象自己掌握这项技

能时的感觉。涉及身体技能时，把你自己投射到表演者的体内，你要对动作、节奏保持高度敏感，试着去感受这些动作的内部形状。涉及思维技能时，你可以通过重塑专家的决策模式来模拟这些技能。棋手们通过一步一步地复盘经典棋局来达成目标；公共演说家会去复述那些伟大的演讲，并去模仿原演讲者抑扬顿挫的语调；音乐家们会反复演奏他们最爱的曲子；我认识的一些作家为了达到这个效果，会逐字敲出经典作品的片段，这个方法听起来有点像禅，但确实奏效。

原则 3
大胆地、疯狂地向高手偷师

我们常常听说，天才们只要遵循他们的天性就能掌握某项技能。这听起来很美妙，但实际上是一派胡言。所有的进步都与博采众长和应用新的信息有关，而最好的信息来源是行业内的顶级选手们。所以，从他们那里偷师吧。

在艺术、运动和设计领域，偷师是一项有着悠久历史的传统，且常常被冠以受某某影响之名。年轻的史蒂芬·乔布斯借鉴了施乐帕洛阿尔托研究中心（Xerox Palo Alto Research Center）电脑鼠标和下拉式菜单的点子。年轻的披头士乐队从他们的偶像小理查德的歌曲《她爱你》（*She Loves You*）、《从我到你》

（*From Me to You*）和《扭曲尖叫》（*Twist and Shout*）那里获得了用独特的发声方法唱出高音的灵感。年轻的巴比·鲁斯（Babe Ruth）受到他的英雄、伟大的棒球手赤脚乔·杰克森（Shoeless Joe Jackson）有力的上飞球的影响，并在此基础上形成了自己特有的挥杆动作。正如巴勃罗·毕加索所言："好的艺术家借用，伟大的艺术家偷师。"他自己也是个不断偷师的人。

靠近达拉斯的塞普蒂安现代音乐学校（Septien School of Contemporary Music）是一个人才温床，该校培养出了市场价值成百上千万美元的流行音乐天才：黛米·洛瓦托（Demi Lovato）、瑞安·堪培拉（Ryan Cabrera）和杰西卡·辛普森（Jessica Simpson）。其创始人琳达·塞普蒂安告诉她的学生："宝贝们，你们必须疯狂地去偷师。要去关注所有强于你们的表演者，看看他们有哪些地方是值得你借鉴的，然后将其为己所用。"塞普蒂安践行着她自己的建议，她总共累积了 14 本笔记，里面记录着从顶级表演者身上偷师的有价值的点子。有的点子写在了活页夹的塑料壳子上，有的点子草草记录在鸡尾酒餐巾纸上，这些点子包罗万象，从如何飙出高音到如何应付喧闹的人群（最好的办法是开个玩笑）通通都涵盖在内。

偷师有助于解释一些神秘的天才诞生模式，例如，为什么一些音乐世家的年轻家庭成员往往很有天赋，而且造诣也是家族中最高的。以下是符合这个模式的不完全名单：比吉斯乐队（Bee Gees）里的弟弟、安迪·吉布（Andy Gibb）；迈克尔·杰克逊；美国摇滚乐队乔纳斯兄弟（Jonas Brother）里最小的弟弟尼克。更不用说莫扎特、巴赫和马友友了，他们三个人都是家族中最小的孩子。上述音乐人身上的异于常人的天赋，部分可以用“超级偶像”现象来解释（参见原则 1），部分可以用偷师来解释。随着年龄的增长，家族中年幼的孩子有更多机会获得优质的资源。与同龄人相比，他们有更多的机会去观察哥哥姐姐的表现，去模仿并思考哪些行为是有效的，哪些是无效的。换句话说，这就是在偷师。

偷师时，你需要关注的是细节，而不是泛泛的整体印象。你要去捕捉具体的事实，例如，在做出挥杆动作前，高尔夫球手左胳膊肘的最大角度是多少；外科医生做手术时的手腕曲线如何；歌手在飙高音时嘴唇的准确形状和张力如何；喜剧演员在抖包袱之前停顿的确切时间是多少。问问自己以下这两个问题：

- 偷师的关键行为究竟是什么？
- 顶级选手的动作和我的动作有何不同？

原则 4
写下今天的结果，明天的计划和下周的目标

在顶级选手中，很多人会以某种形式记录下自己的日常表现。网球冠军塞雷娜·威廉姆斯（Serena Williams）和世界职业棒球大赛前 MVP 选手柯特·席林（Curt Schilling）都使用笔记本；说唱歌手埃米纳姆（Eminem）和舞蹈指导特薇拉·撒普（Twyla Tharp）使用鞋盒，他们的鞋盒里装满了写着创意的便利贴。

记录的形式到底是什么不重要，重要的是你记录并反思的是什么。你要记录的是今天的结果，明天的计划，下周的目标。笔记本的工作原理就如地图：它能为你指明方向。

原则 5
主动变蠢，主动犯“创造性的错误”

冰球明星韦恩·格雷茨基（Wayne Gretzky）的队友偶尔会看到这样一个奇怪的场景：格雷茨基独自在冰上练习时会摔跤。这个世界上最伟大的冰球运动员像小学生一样摔倒，虽然这个场景看起来可能令人惊讶，但实际上是完全合理的。尽管格雷茨基精通滑冰，但一旦他下定决心要提高自己，就要竭尽全力挑战自己的能力极限。能让格雷茨基达成所愿的唯一方法就是在他的大脑中建立起新的连接，这意味着格雷茨基要去尝试、失败、尝试，虽然这看起来很愚蠢。

觉得自己愚蠢不是件好玩儿的事。但是，愿意变得愚蠢，愿意冒险去承担犯错带来的痛苦是绝对有必要的，因为不断地“尝试、失败、再尝试”是促使大脑成长并与外界形成新连接的方法。**请记住，当涉及天赋开发时，错误并不是真正的错误，而是指引你进步的路标。**

有些地方鼓励学员去犯“创造性的错误”，这是一种建立规则的方式，鼓励学员们去做一些可能会让他人感到奇怪和危险的事——实际上，就是将学员们推向能力边缘的甜蜜区（sweet spot）（参见原则 13）。例如，梅多蒙特音乐学校（Meadowmount School of Music）的学员经常随心所欲地去练习：如果路人听出了演奏的是什么曲子，那意味着这首曲子被演奏得太快了。在这所学校，学员们用慢得夸张的速度去演奏（演奏出的曲子类似座头鲸的叫声），他们这么做的意义在于发现那些可能被忽视的小错误，从而呈现更完美的演出。

企业也会这样做。谷歌公司为员工们提供“20%的时间”，即工程师们可以将20%的工作时间花在自己热衷且未经批准的私人项目上，因为他们在这些项目上更有可能去冒险。我接触过许多企业，他们会让员工签署一份“合同”，确保员工们愿意去冒险犯错。位于华盛顿地区的电子商务公司生活社区（Living-Social）为员工们提供了一条经验法则：每周做一次让自己在工作中害怕的决定。

无论采取何种策略，这种方法的目标都是一致的：鼓励人们达成目标并重新定义错误，让错误不再是简单的是非判断，而是将你引导到正确方向的信息。

原则 6
清苦的环境有利于注意力的集中

我们热爱舒适的生活，热爱最先进的训练设施和角落里镶着橡木板的办公室，热爱一尘不染的更衣室和松松软软的毛巾。遗憾的是，这些舒适的象征会削弱人们的行为动机：它向人们的潜意识发出信号，让他们减少付出。它低声说："放轻松点儿，你已经成功了。"

人才温床并不舒适。事实上，它们是如此地远离舒适，有时甚至被称为"装着铁丝网的哈佛大学"。顶级音乐夏令营主要由破旧的小木屋组成，那些能负担得起更好设施的夏令营更是如此。北巴尔的摩水上俱乐部（North Baltimore Aquatic Club）培养了迈克尔·菲尔普斯（Michael Phelps）和其他4名奥运会奖牌得主，但当路人经过该俱乐部时，他们可能会误认为这是一间资金匮乏的基督教青年会（YMCA）。芬兰和韩国的学校在这方面的表现最为突出，这两个国家的学生常年在“国际学生能力评估计划”中名列前茅，但这些学校的教室却以朴实无华著称，看上去就像是保持着20世纪50年代的模样。

这条建议的关键点并不涉及道德层面，而是与人的神经系统相关。简单的环境有助于人们将注意力集中在手头的深度训练任务上，即为达成目标而不断地重复训练、艰苦奋斗。**当你需要在舒适的环境和清苦的环境中做出选择时，选择清苦的环境吧，你的潜意识会感谢这样的选择。**

原则 7
培养技能前，
弄清楚需要的是硬技能还是软技能

培养一项技能的第一步，是弄清楚你正在培养的是什么类型的技能。所有技能都可以被归类为两类：硬技能和软技能。

高度精准的硬技能是指每次都尽可能准确一致地执行某些动作。要想取得理想的效果，学习这些硬技能时只有一条路可以走。这些技能是你能想象到的，由一个可靠的机器人即可完成的技能。硬技能具备可重复操作的精确度，而且往往存在于追求专业性的领域，尤其是追求身体专业性的领域，例如：

- 高尔夫球手的挥杆动作，网球运动员的发球动作，或者任何可以精确重复的运动动作；
- 孩子们正在做的基础数学题（例如，加法或乘法）；
- 小提琴家演奏的特定和弦；
- 篮球运动员的罚球；
- 一位年轻的读者把字母的形状转化为声音和单词；
- 装配工人在流水线上组装零部件。

学习硬技能时，你的目标是将其功能打造得如瑞士手表般准确可靠，并且每次都以同样的方式去自动执行，不会失手。硬技能可以用 ABC 来概括：始终保持一致（Always Being Consistent）。

高度灵活的软技能是指那些能通过多种途径取得理想效果的技能，学习这些技能时无须只遵循某一个方法。软技能并不要求你每次都完美地完成同样的事情，而是需要你能够敏捷地进行互动，需要你能够立即识别对手正在展开的套路，并及时做出明智的选择。软技能往往存在于范围更广、专业程度较低的领域，尤其是涉及交流的领域，例如：

- 足球运动员觉察到对方防守上的弱点并决定发起进攻；
- 股票交易员在混乱的交易日中发现了一个隐藏的机会；
- 小说家本能地塑造复杂曲折的故事情节；
- 歌手巧妙地诠释歌曲以突出某种情感；
- 深夜巡逻的警察评估潜在的危险；
- 首席执行官在紧张的会议或谈判中“洞悉满屋子的人”。

学习软技能时，我们追求的不再是如瑞士手表般的精准，而是快速识别某种套路或可能性的能力，并能运用这些能力跨过一系列复杂的障碍。软技能与3个R相关：洞察（Reading）、识别（Recognizing）和反应（Reacting）。

这一原则的要点在于，你要意识到硬技能和软技能是不一样的（字面意思是，它们使用的是你大脑中不同的脑神经结构），因此需要使用不同的精深练习方法去开发这些技能。

首先，问问自己：有哪项技能需要每次运用都保持100%的一致性？哪些需要像机器一样精确地执行？需要这么做的都是硬技能。

然后，问问自己：哪些技能需要根据具体情况灵活多变？哪些依赖于立即识别对方的套路并做出最佳选择？需要这么做的就是软技能。

如果你不确定某项技能是硬技能还是软技能，这里有一个简单可行的测试能够帮助你快速做出判断：老师或教练是不是在你练习的早期阶段经常性地参与其中？如果答案是肯定的，那么这可能是一项硬技能。如果答案是否定的，那么这就是软技能。小提琴家和花样滑冰运动员往往都有自己的老师，而首席执行官和讲脱口秀的喜剧演员则不然。接下来的 3 个原则进一步讨论了这一观点，阐释了开发每种技能时最有效的精深练习方法是什么。

原则 8
培养硬技能，像木匠那样去重复

为了培养可靠的硬技能，你需要在大脑中构建起正确的神经网络。为构建起这个网络，你需要小心、缓慢和敏锐地去适应错误，这对你有益。你要像细心的木匠那样去工作。

铃木音乐教学法就是一个培养硬技能的好例子。用铃木音乐教学法培养的学员会学习使用正确的手指弯曲度和压力、正确的站姿和正确的握姿去握住小提琴的琴弓和琴身，仅仅学习这些就要花上几节课的时间。学员们通过反复哼唱押韵的歌词学会了拉弓（不用小提琴），“像火箭一样上升，像雨滴一样降落，像嘟嘟叫的火车一样来回跑”（up like a rocket, down like the rain, back and forth like a choo-choo train)。无论看起来多么微不足道，每一个基本点都被铃木学校当作一项极其重要的精确技能传授给学生（当然，这些技能确实很重要）。学校通过一系列生动的图像进行教学，然后让学员们反复练习直到掌握为止。关键的技能在一次又一次的认真重复中淬炼而成。

另一个例子可以用汤姆·布雷迪（Tom Brady）钱包里的一张破纸来说明，他是新英格兰爱国者橄榄球队的四分卫，曾 3 次带队赢得超级碗冠军。布雷迪在那张纸上手写了一份橄榄球投掷技术要领清单。清单上的内容都很简单，例如："直捣黄龙"（throw down the hall），且都与布雷迪的私人教练汤姆·马丁内斯（Tom Martinez）的教导有关，后者从布雷迪 14 岁起就指导他。事实上，布雷迪每年都会去看望一两次他的私人教练并调整状态，这个习惯一直延续到 2012 年马丁内斯去世为止。或者更准确地说，拜访马丁内斯有助于布雷迪建立自己的"神经高速公路"，以确保它们继续平稳地运行。

早期的精确度训练尤为重要，因为初期的重复练习是为将来打基础的，神经学家称之为“雪山上的雪橇”现象。初期的重复练习就像是第一次在新雪上滑雪：在接下来的尝试中，你的雪橇会倾向于沿着那些已有的轨迹往下滑。“我们的大脑善于建立连接，”加州大学洛杉矶分校的神经学教授乔治·巴特克斯博士（Dr. George Bartzokis）说，“而不擅长破坏连接。”

当你学习硬技能时，这些技能应该精确清晰并可以被衡量。慢慢来。一次只做一个简单的动作，在你做下一个动作前要重复并完善先前的动作。你需要对自己的错误多加留意并加以纠正，尤其是在初期阶段。学习基础知识似乎很枯燥，事实上，这恰恰是投入的关键阶段。如果你现在就建立起正确的学习习惯，你将为自己节省很多时间，免去很多麻烦。

原则 9
培养软技能，像滑板手那样去挑战

软技能之所以能吸引我们的眼球，是因为它们很华丽：想象一下足球明星莱昂内尔·梅西（Lionel Messi）即兴打入一粒精彩进球，或者吉米·亨德里克斯（Jimi Hendrix）激情四射的吉他独奏，又或是美国脱口秀主持人乔恩·斯图尔特（Jon Stewart）即兴表演的一段喜剧独白。这些天赋看起来神奇且独特，事实上，它们是超快的大脑软件识别出模式后做出正确反应的结果。

硬技能最好有着可供测量的精确度（参见原则8），而软技能则是通过在充满挑战、不断变化的环境中游戏和探索来构建的。在这些环境中，你会遇到不同的障碍，并不断对它们做出反应，你需要通过洞察、识别和反应建立起敏感的神经网络。换句话说，要培养软技能，你不应该表现得像一个细心的木匠，而应该更像滑板公园里的滑板手：积极进取、充满好奇心和实验精神，总是在寻找挑战自己的新方法。

巴西拥有众多达到世界最顶级水平的足球运动员，这个国家通过一种名为“室内足球”（futebol de salão）的独特游戏来培养球员。这个游戏有着疯狂的速度和高度压缩的比赛环境，采用 5 对 5 模式，在篮球场大小的场地进行，游戏能创造 600% 以上的触球机会，需要球员能够开启即时性模式识别。用圣保罗大学足球教授埃米利奥·米兰达（Emilio Miranda）的话说就是，这里就是巴西的“即兴创作实验室”。芝加哥市的“第二城市”（Second City）喜剧剧团为美国一些最成功的喜剧演员提供训练场地，其毕业生包括比尔·默里（Bill Murray）、约翰·贝鲁希（John Belushi）、约翰·坎迪（John Candy）、史蒂夫·卡瑞尔（Steve Carell）、斯蒂芬·科尔伯特（Stephen Colbert）和蒂娜·菲（Tina Fey）等。“第二城市”喜剧剧团通过提供丰富多彩、竞争激烈和变化无限的环境让喜剧演员们练习即兴表演、小品喜剧和脱口秀（你若想知道这么做能在多大程度上提高喜剧演员们的技能，可以去 YouTube 网上看看蒂娜·菲 20 世纪 90 年代在“第二城市”喜剧剧团的表演）。最具创造性的技能，需要长时间的练习才能被掌握。

勃朗特姐妹中有 3 人成了世界级的小说家，她们在孩提时代就通过在自制的小书中写下数千页的故事来培养自己的写作才能。跟蒂娜·菲早期的即兴表演一样，勃朗特姐妹们的早期故事并不出色，而这正是重点所在。球员们在一个充满挑战、变化无限、引人入胜的空间里进行了数千次高强度的目标达成练习，并通过反复练习熟能生巧。

当练习一项软技能时，你需要集中精力反复完成

大量的、不同的练习，并获得清晰的反馈。不要担心会犯错，重要的是去探索。练习软技能通常比练习硬技能更有趣，但也更具挑战性，因为练习软技能时你需要进行自我训练。每次结束后问问自己：哪些练习起了作用？哪些练习没有起作用？为什么？

原则 10
优先培养硬技能

你可能已经认识到了，大多数的天才并不是仅仅只有硬技能或是只有软技能，而是将两者结合在一起。例如，你联想一下小提琴家演奏一串音符时精确的手指位置（硬技能）和她诠释曲调情感的能力（软技能）。另一个例子是橄榄球四分卫的精准旋转抛球（硬技能）和迅速洞察对方球队的防守漏洞（软技能）的能力。

这一原则的要点很简单：优先考虑培养硬技能，因为从长远来看，它们对你开发天赋来说更为重要。位于莫斯科的斯巴达克网球俱乐部规定，年轻球员必须等待几年才能参加竞技比赛。“技术就是一切，”教练拉里莎・普列阿布拉仁斯卡娅（Larisa Preobrazhenskaya）说，“如果你从一开始就没有技巧，那就大错特错了。”

你可能会惊讶地发现，许多顶级选手着重练习的那些技巧与他们初学时的无异。大提琴家马友友每次练习的前几分钟都是用大提琴演奏单个音符。美国橄榄球联盟（NFL）的四分卫佩顿・曼宁（Peyton Manning）每次训练的第一部分都是做基本的脚法练习，这是教练让 12 岁的孩子做的练习。这些顶级选手不会对自己说：“嘿，我是世界上最有天赋的人之一，我难道不应该做一些更具挑战性的事情吗？”他们抵抗住了复杂的诱惑，致力于磨练自己的硬技能并保持稳定，因为毫不夸张地说，这些技能是其他一切的基础。

若要将这个想法铭记于心，你可以把天赋想象成一棵高大的橡树，硬技能构成了其巨大粗壮的树干，大树上端还有一个由灵活的软技能组成的高耸树冠。你首先要培育树干，然后再修剪树枝。

原则 11
不要相信关于神童的神话

我们多数人在成长过程中被教导：天赋是一种遗传表现，就像棕色头发或蓝色眼睛一样。因此，我们想当然地认为，天赋最令人信服的标志是人生早期能获得即时的、毫不费力的成功，即成为一个神童。事实上，一家声誉卓著的研究机构发现这种假设是错误的。**早期的成功无法有效地预测长期的成功**。

许多顶级选手在早期被忽视，然后悄然成长为明星。这部分人包括：

- 迈克尔·乔丹，他在高中二年级的时候被校队开除；

- 查尔斯·达尔文，老师们认为他反应迟缓、资质平庸；
- 华特·迪士尼，他早年因为“缺乏想象力”被解雇。

此外还有，阿尔伯特·爱因斯坦、路易·巴斯德、保罗·高更、托马斯·爱迪生、列夫·托尔斯泰、弗雷德·阿斯泰尔、温斯顿·丘吉尔、露西尔·鲍尔等。斯坦福大学的卡罗尔·德韦克博士（Dr. Carol Dweck）提出了一种理论，他认为受到赞扬和关注的神童们会本能地减少冒险行为，以此来保住自己的“神奇”地位，这最终会减缓神童们的学习速度。

人才温床并非建立在识别天才的基础上，而是建立在日复一日的建设上。温床不会过于看重早熟的学员，也不会预测谁会成功。当我参观位于科罗拉多斯普林斯的美国奥林匹克训练中心时，我在房间里向50位经验丰富的教练提出了这样一个问题：“你们能准确预测出一名 15 岁的顶尖运动员在两年后的奥运会上获得奖牌的概率吗？”只有一位教练举手。[①]

21 次率队夺得全美冠军的北卡罗来纳大学女子足球队主教练安森·多伦斯（Anson Dorrance）很好地总结了这一点：“在发掘年轻球员时，我见过的最糟糕的事之一就是某个女孩不断地被告知她是多么出色。上高一时，她会开始相信别人说的这些话；高三时她将筋疲力尽。再来看看她的对手表现如何：一个女孩在预备队等待时机，她平静而坚定地认为自己一定会有所成就，这个谦逊、勤奋的女孩才是真正的球员。”

如果你在人生早期取得了成功，尽量屏蔽掉外界对你的称赞，并不断把自己推向可以取得进步的能力

① 不出意外，举手的是一位体操教练。在他执教的体操运动领域，运动员的职业生涯会早早达到巅峰，且运动员的体型在他们的职业发展中占主导地位。

边缘。如果你没有取得早期的成功，也不要自暴自弃。相反，你要把自己初期的努力当作是一次次的实验，不要对自己妄下定论。记住，这是一场马拉松比赛，而不是百米冲刺。

原则 12
5 种挑选高水平老师或教练的方法

你可以像识别一切稀有物种那样，通过一些特征识别出伟大的老师、教练或导师。以下方法旨在帮助你筛选候选人，为自己做出最佳选择。

避开那些让你想起彬彬有礼的服务员的人

这种类型的老师、教练或导师在我们的世界里不断增加，他们致力于让你感到舒适和愉快，希望用最少的努力推动事情顺利地进行。这类人会在短时间内教你很多东西，并且经常面带微笑着说一些类似于“别担心，没问题，我们以后会处理的”这样的话。这类人会是优秀的餐馆服务员，却是糟糕的老师、教练或导师。

找一个让你有点儿害怕的人

与彬彬有礼的服务员相反，当你遇到优秀的老师、教练或导师时，你的体内往往会充满不熟悉的情绪：会产生一种尊敬、钦佩的感觉，并常常伴随着因恐惧而带来的颤抖。如果出现这些情绪，这是个好兆头。你需要寻找的是以下几类人：

- 密切关注你的人：他有兴趣了解你，想知道你的目标、你来自哪里、你的动力是什么。

- 注重行动的人：他通常不想花很多时间聊天，相反，他想马上着手去做一些事，这样他就能对你有感觉，反之亦然。

• 诚实的人，有时这种诚实会令人不安：他会清楚地告知你的真实表现。刚开始这会有点伤人，但你会发现他们的话并非在针对你个人，而是你可以用来提升自我的信息。

值得注意的是，“coach”（教练）这个词最初来自匈牙利语“马车”的单词“kocsi”。你不是在找扮演伙伴或父母角色的人，而是在寻找可靠的、值得信任的人，这个人可以和你一起去远方。

找一个能给出简短清晰指令的人

大多数优秀的老师、教练或导师不会长篇大论。他们不会去说教或是进行长时间的批评。相反，他们会给出简短、明白无误的指令并引导你完成目标。

加州大学洛杉矶分校的篮球教练约翰·伍登（John Wooden）被公认为是美国史上最伟大的教练之一。曾有一项为期一年的研究把伍登作为研究对象，记录了他对团队所说的每一个字。伍登没有高谈阔论，事实上，他所有的发言平均用时仅 4 秒。这凸显了一个重要的事实：教学不是一场辩论赛，它与创建连接和传达有用的信息有关。

找一个热爱基础教学的人

优秀的老师常常把整段的练习时间花在一个看似不起眼的基础练习上，如握住高尔夫球杆的姿势，或者你在吉他上弹奏单个音符的方式。这么做也许看起来很奇怪，却反映了这些老师对客观现实的理解：这些基础是技能的核心（参见原则 10）。你的技能越娴熟，它们就变得越重要。

在同等条件下，选择年长的人

教学同其他任何天赋一样，需要时间来培养。这可以解释为什么如此多的人才温床都是由六七十岁的人来管理。优秀的老师最重要的身份是学员，他们每年都在提高自己的技能。这并不是说 30 岁以下完全没有好老师，也不是说所有白发苍苍的老教练都是天才，他们不是天才。但在同等条件下，请选择年纪较大的人。

PART 2 第二部分

提升技能，
把时间花在甜蜜区

THE LITTLE
BOOK
OF TALENT

52 Tips for Improving
Your Skills

PART 2

如果要我用一句话来概括人才温床的与众不同之处，那就是：

温床里的人看待练习的方式不同。

我们很多人认为练习是必须做的苦差事，就像被迫吃蔬菜一样，远没有大型比赛或大型演出重要或有趣。但在我参观过的人才温床里，练习是一件重要的事，是他们工作的首要任务和日常生活的重心。温床的方法之所以奏效，是因为随着时间的推移，如果你的练习方法是正确的，那么这种方法将发挥实质性的作用。这里的练习方法是指精深练习。

精深练习的关键在于达成目标。这意味着你需要稍稍超出目前的能力边缘，把时间花在被称为甜蜜区的困难区域。进入甜蜜区意味着要去主动迎接重复练习的力量，这会让你的动作变得像

PART 2

条件反射那样迅速。进入甜蜜区同样意味着要创造一个训练空间，使你能够在反复练习后达成目标并保持专注，且随着时间的推移能够提高技能。

第一部分内容的核心是准备，这一部分内容的核心是行动：通过简单的策略和技巧，引导你进行精深练习，并把你从徒劳无益的浅层次练习的沼泽中拉出来。

原则 13
找到你的甜蜜区

你的能力边缘有一个区域，在那里你会以最快的速度学得最好。这个区域被称为甜蜜区。下面是找到它的方法：

舒适区

感觉：轻松、游刃有余。你虽然在工作，但没有为了达成目标而苦苦挣扎的感觉。

练习获得成功的概率：80% 以上。

甜蜜区

感觉：受挫、困难、对失误保持警惕。你全身心地投入一场激烈的斗争中——就好像竭尽全力地伸展身体以实现一个看似很难达成的目标，用指尖轻抚它，然后朝着目标再次全力以赴。

练习获得成功的概率 :50% ～ 80%。

生存区

感觉：困惑、绝望。你被打败了、思绪混乱、受到重创并开始胡乱猜测失败的原因。在生存区练习，有时你会成功，但这些成功主要还是靠运气。

练习获得成功的概率：低于 50%。

如果想理解甜蜜区的重要性，可以看看脸上长着

雀斑的 13 岁单簧管演奏者克拉丽莎（化名）的例子。她是澳大利亚音乐心理学家加里·麦克弗森（Gary McPherson）和詹姆斯·伦威克（James Renwick）研究的一个对象。从各个方面来看，克拉丽莎都是一个普通的演奏者——能力平平，练习习惯普通，动机一般。但有一天早上，发生了一件非同寻常的事：克拉丽莎在 5 分钟内取得了一个月的练习效果。

事情的经过是这样：克拉丽莎先是演奏了几个音符，然后失误了一次，她立刻好像被通电的单簧管电了一下一样不知所措。于是，克拉丽莎仔细地查阅乐谱，解读音符。她一边哼着曲子，一边快速地用手指拨弄着单簧管进行练习。然后她再次开始演奏，这次有了进步，但随后她又因为失误而停下来，重新回到起点。就这样，她在本能的驱动下学会了演奏这首曲子。麦克弗森认为，克拉丽莎在这 5 分钟里学到的东西比她用普通方法练习一个月学到的还要多。用普通方法练习的情况下，克拉丽莎不理会任何错误，会一直演奏下去。

如何理解麦克弗森的话？想象一下这 5 分钟里克拉丽莎的脑神经产生的变化。每次失误后她都能做到：①发现错误；②改正错误，使正确的神经网络连接牢牢嵌入大脑中。克拉丽莎反复练习这段乐章的时候，她都在强化音符间的连接并把它们联系在一起。她不仅是在练习，也是在锻炼自己的大脑。她所处的位置就是甜蜜区。

找到甜蜜区需要一些创造力。例如，一些高尔夫球手在水中练习挥杆，水的阻力会减缓他们的挥杆速度，以便他们能感觉到错误并加以改正。有些音乐家会倒着演奏曲子，这有助于他们更好地理解音符间的关系。这些方法虽然看起来不同，但是基本思路是一致的——寻找提升自己的方法。在你的能力边缘练习，正如爱因斯坦所言："人必须培养一种本能，去追求竭尽全力后也只能勉强达到的目标。"

这句话的关键词是“勉强”。问问自己：在你竭尽全力后与目标只有一点儿距离的事情是什么？标记好你当前的能力边缘，并把目标定得稍微高一些。这就是你的甜蜜区。

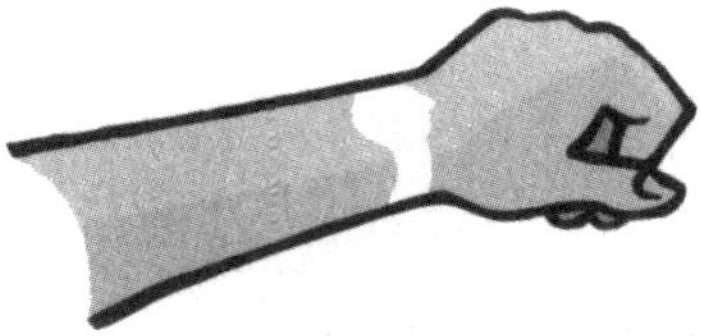

原则 14
完成的高质量练习的次数，比练习时长更重要

精深练习不是用分钟或小时来衡量的，而是用你所完成的高质量的练习次数来衡量的。大体上来说，就是你在大脑中建立了多少新的连接。

与其去计算练习的时长，不如去计算你的目标达成数量和重复次数。与其说“我要演奏 20 分钟的钢琴”，不如告诉自己“我要为演奏那首新歌做 5 次强化练习”；与其计划打 1 小时的高尔夫球，不如计划每局完成 25 次高质量的挥杆；与其花 1 小时通读某本教科书，不如制作学习卡片，根据努力程度给自己打分。忽略时间，进入甜蜜区，即使只有几分钟也可以。用目标达成数量和重复次数这样的重要尺度来衡量你的进步。

原则 15
将技能分解为技能块，从掌握技能块开始

当我们还是孩提的时候，我们就经常从父母和老师那里听到这样的忠告：贪多嚼不烂。这个忠告之所以流传广泛，是因为它准确地反映了我们大脑的学习方式。每一项技能都是由更小的部分组成的——科学家称之为“块”（chunks）。

技能块与技能的关系就像字母与语言的关系一样。单独来看，它们几乎是无用的，但当小块（字母）组合成较大的块（单词），较大的块组成更大的块（句子、段落）时，它们就能构建出一些复杂而美丽的东西。

第一步，将技能分解成技能块之前，首先在你的大脑中描绘一幅技能蓝图（参见原则 2）。然后问自己：

1. 这个技能中我能掌握的最小单位的要素是什么？
2. 有哪些技能块与这个技能相关？

第二步，反复练习某个技能块，直到你彻底掌握它；第三步，把更多的技能块一个接一个地连接起来，就像你把字母组合成单词一样；第四步，把那些已经掌握的技能块组合成更大的块。循环往复。

在梅多蒙特音乐学校学习的学生们用剪刀把乐谱剪成碎片并放进帽子里，然后随机抽出乐谱碎片单独练习。当他们掌握了每一个碎片之后，再将乐谱按照正确的顺序组合起来，就像组合拼图玩具那样。学校里的小提琴老师斯凯·卡曼（Skye Carman）说："这个方法之所以有效，是因为学生们不是机械地演奏音乐，他们同时在思考。"

无论你打算掌握何种技能，练习方法都是一样的：从它的整体出发，把它分解成最小单位的块，再把这些块组装回去。如此这般，反复练习。

原则 16
每天都尝试完美掌握一个技能块

我们的生活忙忙碌碌，有时很容易把仅仅完成练习当做是成功。我们完成了预定的练习时长，如释重负地松了口气："任务完成了！"但我们真正的目标并不是练习，而是取得进步。正如伍登所说："永远不要把单纯的行动误认为成就。"

一个行之有效的方法是设置每日的 SAP，即"可实现的最小单位的目标"（Smallest Achievable Perfection）。在这种方法下，选择一个自己可以完美掌握的技能块去努力——不止是进步，也不止是努力，而是始终达到 100% 的正确。例如，网球运动员可能选择练习抛发球；销售人员可能选择完善向重要客户展示的第 22 个方案。关键是要花时间瞄准一个小而具体的目标，然后竭尽全力去实现它。

毕竟，功成非一日之事。你的进步是建立在一点一点的努力、一次一次地不断重复之上。正如伍登所说："不要指望取得明显的、飞速的进步，你要寻求的是每天前进一小步。当你取得一次进步后，其他的进步才会接踵而来，这是取得进步的唯一方式。"

原则 17
让奋斗成为一种生理需求

从莫斯科到达拉斯，从巴西到纽约，在所有的人才温床里，我都看到了同样的面部表情：眼睛眯成一条缝，下巴绷得紧紧的，鼻孔张得大大的，这个人的面部表情显示他正全神贯注地为一些目标而努力，结果却未能如愿，于是他又一次朝着目标发起进攻。所有温床里的人都会出现这样的表情，这并非巧合。进行精深练习的人明显散发着一种感性的味道，这种感觉可以用一个词来概括：奋斗。

我们大多数人都本能地回避奋斗，因为奋斗让人不舒服。奋斗的感觉就像失败。然而，当涉及开发天赋时，奋斗并不是一种个人选择，而是一种本能反应。这可能听上去很奇怪，但这就是进化规律造就我们的方式。你在能力边缘感受到的挣扎和挫折——那种不舒服源于“差一点儿，差一点儿”，它是一种建立新的神经网络连接的感觉，加州大学洛杉矶分校的心理学家罗伯特·比约克称之为“令人向往的困难”。大脑运行遵循的原理与肌肉训练相同：不劳则无获。

原则 18
每天练习 5 分钟，
而不是每周集中练习 1 小时

进行精深练习时，每天进行少量的“日拱一卒”式练习要比每周一次的疯狂练习效果更好。其原因与大脑的成长方式有关，我们的大脑以渐进的方式逐日进步，甚至在我们睡觉的时候也是如此。每天练习的一个好处是，这会滋养大脑，让其成长，即使练习只有 5 分钟。而间断的练习则会迫使大脑去追赶，达不到成长的效果。“日拱一卒”式练习符合了大脑的成长规律，正如音乐教育先驱铃木镇一（Shinichi Suzuki）所说：“活着就要练习。”

练习的时间能短到什么程度？美国西北大学的大

提琴老师汉斯·詹森（Hans Jensen）举了一个例子，他指导过一名练习时间非常有限的医学生，对方每天只愿意花两分钟练习。但是他们却有条不紊地推进着这项工作，把乐曲的每一部分拆分成若干碎片，先着手处理最难的部分，然后处理相对简单的部分。这名学生在 6 周内成功地学会了一首复杂的练习曲。詹森说：“事情进展得如此顺利，这让我们感到震惊。我对面这名学生的要求非常严格。练习的要点在于全神贯注，从一开始就要毫不留情地纠正每一个小错误。”

每天练习的另一个好处是，它会使练习成为一种习惯。耐心一点儿，花时间练习并做好，这个行为本身就是一种技能，或许还是最重要的技能。研究发现，养成一个新习惯需要 30 天左右。

原则 19
把枯燥的练习变成令人上瘾的游戏

这条建议是关于你应该如何看待练习。“练习”这个词会唤起一种感觉，让人觉得这是件无意义的苦差事。因为练习是机械、重复和枯燥的——就像俗话说的那样：“死读书，读到死。”游戏则恰恰相反，它们意味着乐趣、连接和激情。正因为如此，把练习视作游戏能更快地提升技能。

细读任何一位世界级选手的传记，你都能发现书中描述了一些让这些选手上瘾的小游戏。无论是高尔夫球手罗里·麦基尔罗伊（Rory McIlroy）在年轻时把高尔夫球打入家庭干衣机，还是沃伦·巴菲特（Warren Buffett）在孩童时期挨家挨户售卖口香糖并试图总结出哪种口味的口香糖销量最好，或者是基思·理查兹（Keith Richards）在组建滚石乐队初期试图解码一张老布鲁斯唱片上的一段即兴演奏，这些游戏的共同点是生动有趣，能带来令人上瘾的参与感、趣味性和兴奋感。

人才温床的优秀教练分享了将日常练习、特别是那些最平淡无奇的练习转变成游戏的诀窍。指导原则是，凡是可被量化的练习，都可以设计成游戏。例如，练习弹奏一连串的吉他和弦是很无聊的一件事，但如果你统计一下自己完美弹奏的次数，并为每次完成的完美和弦打分，这就会变成一场游戏。追踪自己的进展，看看一周内你得了多少分，并努力在下一周得到更高的分。

原则 20
独自练习

独自练习之所以有效，是因为它能够：

1. 找到你能力边缘的甜蜜区；
2. 培养自律性，因为你无须依赖他人。

有一项将世界级音乐家与音乐方面的顶级业余选手进行对比的经典研究。研究人员发现，这两组人在练习的变量上都是相似的，只有一个例外：世界级音乐家独自练习的时间是其他人的 5 倍。

正如北卡罗来纳大学女子足球队主教练安森·多伦斯所说："冠军的形象是，当没有其他观众时，他弯下腰练习，满身是汗，精疲力竭。"

原则 21
为每一个想要学习的技能块创造一幅生动的画面

以下 4 组指令中分别有 2 种描述，哪种描述更容易被记住？

- 沿着水平直线收回网球拍；
- 像打扫咖啡桌上的盘子那样收回网球拍。

- 唱到结尾的时候声音轻一点儿；
- 像气球漏气那样唱出这一句。

- 尽量轻地去触摸琴弦；
- 轻抚琴弦，就像它们烧得滚烫一样。

- 轻轻地夹住足球；
- 让足球亲吻你的脚。

人类更容易掌握、记忆和执行具有生动画面感的指令。这是因为人类的大脑花了数百万年的时间进化，使画面比抽象的概念更生动、更难忘。毕竟，在史前时代，没人担心自己会饿死，但他们确实会担心被狮子吃掉。

尽可能地为你想学习的每一个技能块创造一幅生动的画面。这些画面无须精心制作，只需要简单的视觉感即可。

原则 22
直视错误并立即改正

多数人都极其讨厌犯错。错误发生时，本能会驱使我们移开目光，忽视它，假装它没有发生。这种做法是不对的，正如人们所知道的，错误是指引我们前进的路标。一项对大脑的扫描研究揭示了一个至关重要的瞬间，在错误发生后的 0.25 秒内，人们会在以下两件事中选择一件——要么认真对待错误，要么对错误视而不见。不同选择带来的结果不同，深入关注错误的人比忽视错误的人学到的东西要多得多。

养成立即改正错误的习惯。不要畏缩，不要对错误视而不见，直视它们并弄清楚到底发生了什么，问问自己下一步做些什么能够提高自己。认真地对待错误，并且对事不对人。

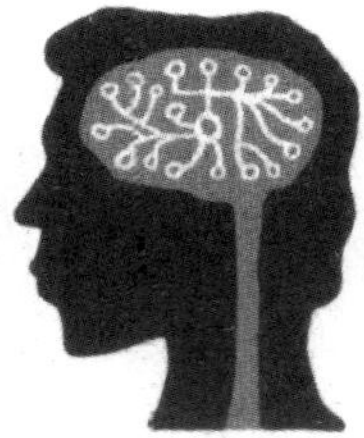

原则 23
想象你的大脑中正在形成新的连接

当你到达能力边缘的甜蜜区并超越它时，你的大脑中就会形成并强化新的连接。错误并非真正的错误，而是你用来建立正确连接的素材，不要回避它。你越重视错误并加以改正，大脑中建立的正确连接就越多。将这个过程具象化有助于你重新解读错误的本质——错误实际上是打造技能的“工具”。

原则 24
想象你的大脑转得越来越快

每次的精深练习都会让你的大脑转得更快一些，随着时间的推移，脑神经发出信号的速度会从 3.2 千米 / 小时提高到 320 千米 / 小时。当你练习时，想象自己的脑神经正从简单的铜线转换为高速的宽带，因为事实就是如此。这种想象是有用的，会让你充满动力（有关此过程的更多信息请参见本书附录部分）。

原则 25
压缩练习空间

当你在较小的空间中增加重复练习的次数和强度，并厘清目标时，这个练习空间可以帮助你强化练习。巴塞罗那足球俱乐部（FC Barcelona）就是一个很好的例子，人们普遍认为它是世界上最好的足球俱乐部。该俱乐部的训练方法很简单：在一间比浴室稍大的房间里有两名球员和一个球，谁的控球时间长，谁就获胜。这个小游戏通过创造一系列紧急的、充满竞争的危机来迫使球员单独练习至关重要的控球技能，球员需要对此做出反应并由此来提升这项技能。"这看起来很疯狂，"巴塞罗那青年训练营前教练鲁道夫·博雷尔（Rodolfo Borrell）说，"但这个方法是奏效的。"

我用这个方法来指导小联盟棒球队学习如何去防守，具体就是哪个球员防守哪个垒，我们在一个比客厅还小的空间里进行了几次富有成效的练习。练习时我最喜欢的部分是什么？那就是不用在球场上大喊大叫。

这个技巧不只适用于物理空间。诗人和作家会进行俳句和微型写作练习，通过这些限制性韵律迫使自己在小的范围内进行创作，进而压缩了练习空间。喜剧作家利用只能发布 140 个字的推特（Twitter）平台来磨炼自己的写作技巧。企业也可以从空间压缩中受益：丰田公司训练新员工的方式是，将生产线压缩到一个单间，这里装满了玩具大小的设备复制品。公司发现这种小型培训比在实际生产线上的培训效果更好。

问问自己：达成自己设定的目标需要的最小练习空间是多大？阻碍快速简单沟通的多余空间在哪里？

原则 26
用尽可能慢的速度练习

培养一项新技能时，我们内心的冲动是用更快的速度再做一次练习。这就是所谓的“嘿，快看我！”这就是条件反射。这种对速度的渴望合情合理，但它也会造成马虎，尤其是涉及硬技能时，更是如此（参见原则 8）。我们不能为了一时的成功来牺牲长久的、稳定的进步。所以，放慢速度。

慢速练习法就像一个放大镜，能让我们更清楚地察觉到自己的错误，进而加以改正。从斯巴达克网球俱乐部（这里的学员挥拍速度慢得像芭蕾舞演员调整动作一样）到塞普蒂安现代音乐学校（该学校的表演者们通过慢速演唱每一个音符的方法学习新歌），许多人才温床都在使用慢速练习法教授硬技能。本·霍根（Ben Hogan）被认为是高尔夫球史上挥杆技术最娴熟的球员，他练习的速度通常很慢，甚至当他的球杆最终接触到球时，球大约只会移动一英寸（约 2.54 厘米）。**俗话说："重要的不是你能做得多快，而是你能用多慢的速度正确地去做这件事。"**

原则 27
闭上眼睛练习

精深练习最快的方法之一就是闭上眼睛练习，这同样也是最简单的方法之一。长期以来，音乐家们一直用这个方法来提高演奏的感觉和准确性，它也同样适用于其他领域的技能。迈克尔·乔丹闭着眼睛练习罚球；海豹突击队的练习包括大量在一片漆黑中进行的操作，士兵们在黑暗里学会拆卸和组装武器，在某次训练中，他们还要合作搭帐篷；瑜伽和武术练习者经常闭上眼睛，以提高身体意识和平衡性。

每一次闭上眼睛练习的背后都有同样的原因。闭上眼睛是一种迅速将你推到能力边缘的方法，能让你进入甜蜜区。它会排除外界的干扰，让你的其他感官参与进来并提供新的反馈。闭上眼睛练习能够让熟悉的技能变得陌生而新鲜，进而帮助你把任务的蓝图铭刻在脑海中。

原则 28
进行无实物练习

你在人才温床会看到学员们对着空无一物的空气挥动高尔夫球杆和网球拍，在桌子上弹钢琴，把脚固定在地板上想象着自己在回转赛道上滑雪。这看起来很疯狂，但从精深练习的角度来看是有道理的。“无实物练习”的关键是删繁就简，只保留那些让你专注于首要任务的练习，从而达成正确的目标。

原则 29
在你做对的地方做上标记

练习过程中最有成就感的时刻之一就是你第一次完美地呈现了某个技能之时。当这个时刻来临时，你应该原地不动，在脑海中回放并复盘这个过程。记住你此时心中的感受和练习的节奏，记住身体和精神上的感觉。关键点在于你要铭记这一时刻，这是你想反复抵达的地方，但并非终点，而是完善技能的新起点，你要一直练习直到你能下意识地完成这个动作。正如铃木研究佐藤中心（Sato Center for Suzuki Studies）的金伯利·迈耶－西姆斯（Kimberly Meier-Sims）所说："当你做到了完美，练习就开始了。"

原则 30
坚持午休

这是我最喜欢的建议之一。午休在人才温床是很常见的事，而且午休的益处既有名人们的趣闻轶事加以佐证，又有科学依据。

关于午休有一些趣闻轶事。爱因斯坦在物理学领域建树颇丰，他的另一个拿手本领是每天午饭后小憩 20 分钟。其他知名的午睡者包括达·芬奇、拿破仑·波拿巴、温斯顿·丘吉尔、托马斯·爱迪生、罗纳德·里根、约翰·F. 肯尼迪和约翰·D. 洛克菲勒。如果你花时间和任何专业的运动队待在一起，你会发现他们也是专业的午睡者。

科学研究表明，午睡对练习中的大脑有好处，因为它有助于强化在练习中形成的连接，并为下一阶段的练习做好准备。加州大学伯克利分校的研究人员发现，午睡 90 分钟可以将记忆力提高 10%，而不午睡则会使记忆力下降 10%。该研究的首席研究员马修·沃克博士（Dr. Matthew Walker）说："在练习前你需要先睡觉，让你的大脑像干海绵一样做好吸收新信息的准备。"

原则 31
用夸张的方式练习

回想一下父母教宝宝们新单词的方式——他们会拖长每一个发音，用夸张的方式强调单词的发音。这么做是有原因的。夸张的练习有助于我们理解练习的外部边界在哪里。

请用夸张的方式去学习新的步骤。如果这个步骤要求抬起膝盖，那你就把膝盖抬到天花板那么高；如果这个步骤要求用力去按吉他琴弦，那你就尽全力去按；如果这个步骤要求在公共场合讲话时强调某一论点，那你就用一些戏剧化的方式去做。不要小看这条建议。用夸张的方式练习可以让你感知到这个步骤的外部边界在哪里，在外部边界之内你永远都有回旋的余地，然后再精细地去打磨这项技能。

原则 32
永远把注意力集中在积极的行动上

每次重复练习之前，你都要做出选择：要么把注意力集中在目标上（你想达到的），要么把注意力集中在可能出现的错误上（你想回避的）。这条原则的建议很简单——永远把注意力集中在积极而非消极的行动上。

例如，一个高尔夫球手在击球时应该告诉自己“正中球心”，而不是“不要把这个球推到左边”。一个小提琴手在面对一个很难演奏的段落时，应该这样对自己说“搞定那个 A 调”，而不是“哦，天哪，我希望不要错过那个 A 调”。心理学家把这一现象称为“正向心理框架”（positive framing），并提供了大量关于心理框架如何影响人类潜意识的理论依据。这条原则的关键点在于，努力达成你想要完成的目标，这样做的效果总是会优于把注意力集中在可能出现的错误上。

原则 33
学习书本知识时要合上书

我们假设一周后你要根据这本书接下来 10 页的内容完成一个测试。现在你有 30 分钟的学习时间。下面哪种学习方法会帮助你取得更好的成绩？

1. 把这 10 页连读 4 遍，并试着记住里面的内容；
2. 读 1 遍这 10 页，然后合上书，写一页内容摘要。

这两种方法的效果相差甚远。研究表明，从长期记忆来看，采用方法 B 的人比采用方法 A 的人能多记住 50% 的内容。一方面，这是因为精深练习最基本的原则之一就是在学习中达成目标。类似方法 A 的被动阅读是相对轻松的过程，就像洗热水澡一样让文字在你身上流淌，但这并不会让你进入甜蜜区。达成的目标越少，你学到的知识也就越少。

另一方面，合上书写一份内容摘要会迫使你找出书中的关键点——这是你首先要达成的一组目标；处理并组织这些关键点，使它们言之有理——这是你要进一步达成的目标；再把它们写在纸上——这是你要反复达成的更高的目标。达成更多目标 = 学到更多知识，这个等式永远成立。

原则 34
采用"三明治技术"避免重复犯错

精深练习旨在发现和纠正错误，所以你自然会产生这样的疑问：确保你不会重复犯错的最佳方法是什么？其中一种方法是使用"三明治技术"（sandwich technique）。具体步骤如下：

1. 采取正确的行动；
2. 做出错误的行动；
3. 再次采取正确的行动。

这种操作方式旨在帮助学员强化正确行动的记忆，并让他们察觉自己的失误，防止错误无声无息地溜进你的大脑并接入你的脑神经网络。

原则 35
采用“3×10 技术”进行最有效的练习

这条建议来自道格拉斯·菲尔茨博士，他是美国国家卫生研究院的神经学家，研究领域是记忆和学习。他发现，如果我们的大脑受到 3 次刺激，且每次刺激后能得到 10 分钟的休息时间，脑神经之间的连接会更加紧密。

现实世界对这个理论的解读就是，为了最高效地学习某项技能，你需要练习 3 次，每次练习之后休息 10 分钟。“我一直把这个方法应用于我自己的生活，它很有效，”菲尔茨说，“例如，在试着精通一段很难的吉他谱时，我一般先练习一会儿，然后再做 10 分钟的其他事情，再接着练习（循环往复）。”

原则 36
发明日常测试

在人才温床里，各种各样的小测试充斥着日常生活。这些测试并没有科学理论作支撑，也不被当作评判的依据，它们更像是由选手和老师发明的有针对性的练习。

例如，老虎伍兹（Tiger Woods）创建的测试是，要求自己每天必须在一定距离内命中一定比例的球。例如，在 6.1 米内命中 80% 的八号铁杆[①]。在梅多蒙特音乐学校，老师们会对学生进行即兴测试，在他们的大提琴或小提琴里塞一张 5 美元的钞票，如果学

① 指杆面倾角 41 ~ 44 度，放置着地角 62 ~ 63 度，长度 90 厘米左右，击球距离 115 ~ 150 码（约 105 ~ 137 米）的铁杆。——译者注

生能出色地演奏这首曲子，他就能赢走这些钱。罗伯特·兰斯多普（Robert Lansdorp）是网球前世界冠军皮特·桑普拉斯（Pete Sampras）、特雷西·奥斯汀（Tracy Austin）和林赛·达文波特（Lindsay Davenport）的教练，他设计了一种类似的游戏，把10美元钞票塞进橙色的小圆锥体里，谁击中圆锥体，谁就能赢钱。顺便提一句，老师和教练并不认为这是一种贿赂，他们觉得这是一种增加兴趣的激励手段。正如大提琴老师汉斯·詹森向我解释的那样："唯一重要的事情是帮助学生实现自我推动。有很多激励手段可以做到这一点，不管是钱、巧克力、自尊还是其他什么，用何种手段并不重要。"

发明一个好的日常测试之前，先问问自己这个问题：构成这项技能的要素是什么？我应该如何区别看待准确性和可靠性，并对这两个变量加以衡量？我怎样才能让测试变得有趣、快速且可重复，以便追踪我的进度？

原则 37
用 R.E.P.S. 测量法评估练习效果

选择练习方法时，我们面临的最大问题不是选择太少，而是选择太多。如何识别出最好的方法？本原则提供了一种可以有效评估练习效果的方法——R.E.P.S. 测量法。以下每个字母都代表着精深练习的一个关键要素。

R：反复达成目标（Reaching and Repeating）

E：投入（Engagement）

P：有目的性（Purposefulness）

S：做出强烈、快速的反馈（Strong, Speedy Feedback）

要素 1：反复达成目标。练习是否让你到达能力边缘并达成目标，且这种达成是可重复的？

场景：两位数学老师分别向 30 名学生教授乘法表。

- 老师 A 让某位学生单独在黑板上默写乘法表；
- 老师 B 创建了一种“游戏表演”的形式，在这种形式下，他会向全班同学随口提出一个乘法问题，然后要求其中一个学生回答。

结果：老师 B 选择了更有效的方法，因为这个方法为每次提问创建了 30 次达成目标的机会。在老师 A 的教室里，只有一个学生必须达成目标，其他人都会觉得与自己无关，因此不会努力。然而，在老师 B 的教室，班上的每个人都必须努力达成目标，以应对老师会随时叫到自己的名字。

要素 2：投入。这种练习是沉浸式的吗？它能牢牢吸引你的注意力吗？它是用情绪来推动你向着目标前进吗？

场景：两位小号学员尝试学习曲子中一段短小却有难度的乐章。

- 小号学员 A 把这段乐章从头到尾演奏了 20 遍；
- 小号学员 B 连续 5 次尝试零失误地演奏这段乐章。如果有任何失误，他就会把一切归零然后重新开始。

结果：学员 B 做出了更好的选择，因为这个方法让人更投入。把某段乐章连续演奏 20 遍是很无聊的苦差事，整个过程你只是机械地数着自己的重复次数，直到完成任务为止。但是，零失误演奏 5 次则需要你全身心地投入，因为只要有任何失误都要从零开始。

要素 3：有目的性。你设定的任务是否与你想要培养的技能直接相关?

场景：两支篮球队都因为罚球失误而不断输掉比赛。

- 球队 A 在训练结束后练习罚球，每个队员单独投篮 50 次;
- 球队 B 时不时地在全场混战之际练习罚球，他们像在比赛中那样，让疲劳和承受压力的犯规球员进行罚球练习。

结果：球队 B 做出了更好的选择，因为他们的练习与想要培养的技能有关，即球员在压力下、在精疲力竭时的罚球能力。球队 A 的问题在于，没有球员能在一场比赛中不受干扰地投篮 50 次。

要素 4：做出强烈、快速的反馈。学员是否接收到了一连串关于自己表现的准确信息——我在哪里成功了，在哪里犯了错？

场景：两名试图提高 SAT 成绩的高中生。

- 学生 A 在周六参加了 SAT 模拟考试，一周后收到考试结果。
- 学生 B 在周六花时间做了针对每种题型的迷你版模拟测试并给自己打分，每个测试一结束就仔细复习。

结果：学生 B 做出了更好的选择，因为他得到了直接即时的反馈。学生 B 迅速了解自己哪里做错了、哪里做对了，这会让他更愿意坚持下去，而一周后才收到反馈的学生 A 则收效甚微。

这种测量法的原理很简单：当你需要在两种练习方法中做出选择时，或是当你正在发明一种新的测量法或游戏时，选择一种能最大限度提高这四种要素的方法，即最具 R.E.P.S. 特色的方法。这里更为重要的一点是要用心设计练习方法。练习方法的细微调整可以大大提高你的学习效率。

原则 38
在精疲力竭之前停下来

一直以来，许多技能领域都有练习到精疲力竭的传统，特别是运动、医疗和军事领域。这个传统有可取之处，特别是有利于提高选手的身体素质和心理韧性，以及在某个群体中建立与其他人的情感连接。

但一旦涉及技能学习，你将很容易发现，疲惫是学习的大敌。因为疲惫会减缓大脑的运行速度，引发失误，分散注意力，达不到好的效果。大多数人才温床会把练习的重头戏放在学员精力充沛的时候，尽可能是在早晨，这么做并非巧合。当疲惫感在体内蔓延时，就是停止练习的时候。

原则 39
比赛之后立即练习是最有效的

前一个原则讨论了在精力充沛时练习的重要性。现在这个原则则讨论了另一个练习时间段的重要性，它出现在演出、游戏或比赛结束后的那一刻。彼时，你可能最不想做的就是练习，但只要你不是精疲力竭，练习恰恰是你首先应该做的事，因为它可以帮助你聚焦自己的弱点并加以改正。就像高尔夫球手杰克·尼克劳斯（Jack Nicklaus）说的那样："我总是在参加完真正的比赛后完成最有效的练习。因为比赛时的失误会在我脑海中浮现，我可以去发球区针对这些失误进行专门练习。"

原则 40
睡前“看”一部精神食粮电影

从外科医生到运动员再到喜剧演员，我从几十位顶级选手那里都听说过这个习惯的益处。这些选手在入睡之前会在脑海中播放一部关于他们优秀表现的电影。大量的研究支持这一观点，认为可视化与提高表现力、增强动机、心理韧性和自信相关。你应该把可视化当作一种使潜意识引擎加速的方法，这样它就会花更多时间帮助你朝着目标前进。

原则 41
在练习的结尾设置一个甜蜜的小奖励

每次练习都应该以一个小小的、甜蜜的奖励为结束，就像享受了一顿美餐。这个奖励可以是玩一款你最喜欢的游戏，也可以是实物的奖励（巧克力的效果很好）。我 10 岁的女儿在小提琴练习结束时，会兴奋地演奏蓝草音乐[①]（bluegrass tune）版的《老乔·克拉克》（*Old Joe Clark*）。

---

① 蓝草音乐是美国乡村民谣音乐的一个分支，它在乡村音乐的基础上吸收了当地古老的玉米脱粒晚会上的班卓音乐和提琴音乐，以及南部山区的叙事歌曲等元素发展而成。蓝草音乐节奏硬而快、合声高而密集，并且强调乐器的作用。——编者注

原则 42
6 种方法让你成为更好的老师或教练

不管你是谁，迟早有一天你会发现自己成了一名老师、教练或导师。这件事可能发生在家庭中、工作中或运动场上，而当这件事发生时，掌握一些基本技能于你有益。

用最初的几秒来建立与其他人的情感连接

回忆一下你所认识的最好的老师、教练或导师。如果你和大多数人一样，那么你能想起的并不是那个人做了什么，而是那个人给你的感觉。不知为何，你知道这些老师在你身上看到了一些特别的东西。他们理解你，你也信任他们。

有效的教学建立在信任的基础上，当谈及信任时，人类的做法是一致的：在彼此互动的最初几秒就决定是否要信任某人。这解释了为什么好的老师会在最初的几秒钟，尤其是第一次见面的时候，与学生们进行情感层面上的交流。有很多方法可以建立起这种连接，而眼神交流、肢体语言、同理心和幽默感是最有效的几种方法。无论你用什么方法，一定要把这种情感连接放在首位。在传授技能之前，你首先要让学生知道你在意他们。

不要长篇大论，相反，要传递生动的信息块

受电影影响，我们许多人在成长过程中都认为，大师级的老师或教练在大众面前都是高高在上的，会发表鼓舞人心的演讲。事实的真相远非如此。大师级的老师和教练不会抛头露面，而是隐藏在幕后，与他的学员站在一起。他们不做长篇演

讲，而是生动地传递小块的有用信息。

作为小联盟棒球队的教练，我习惯了同时给整支球队上课，例如，教所有人如何用正确的技巧打地滚球。但在与大师级教练相处了一段时间后，我开始倾向于向每位球员传递简短的、有针对性的、个性化的信息，且每次只教一个技巧。这么做之后效果好多了，不仅球员能更快地理解我的意思，我还和他们在沟通的过程中建立起更亲密的关系。

当你执教时，想象一下你点燃了这个人的大脑，他的脑神经正在一阵一阵地发着光，想要建立起新的连接。教学的关键不在于你能传达出什么重要信息，而在于你现在能传达什么生动、简明的信息来引导他达成正确的目标。

放弃含糊其词的表述

老师和教练最常犯的错误之一就是使用含糊不清的语言。例如，当小联盟棒球队的教练告诉击球手“把手举高一些”时，击球手会疑惑：我的手应该举多高？应该举到肩膀还是头顶？

为避免发生这种情况，请使用言之有物的表述方式。例如：

- “手举得高一点儿”是含糊不清的表述。“把手靠近耳朵”是具体的表述；
- “演奏的速度快一点儿”是含糊不清的表述。“跟上节拍器”是具体的表述；
- “请与销售团队更紧密地合作”是含糊不清的表述。“请每天早上与销售团队联系 10 分钟”是具体的表述。

一切好的教学都遵循着同样的行动方案：实践是检验真理的唯一标准。去做具体的事情，运用技能时要得到精准的结果。用精确的名词和数字交流，这些是你能看到、掌控和衡量的东西。避免在交流时使用形容词和副词，因为它们无法精确地告诉你该做什么。

制作一张学习评分卡

生活中处处都是评分卡：销售数据、业绩排名、考试分数、锦标赛结果。评分卡的问题在于，它们会扭曲优先级，让我们更看重短期结果，而不是学习过程。在商业和体育领域，我们都见过这种情况。那些疯狂专注于赢得当下的组织往往忽略了更重要的目标，即长期的学习和发展能力。

解决这个问题的方案是创建自己的评分卡。选择一个度量标准来测量你想要开发的技能，并持续记录测量结果。你可以用这种方法来激励和引导学员。俗话说："你的重要性是由自己决定的。"

例如，我遇到过一些顶尖的足球、篮球和曲棍球教练，他们在比赛中记录球队的传球次数，并使用这个数字而不是得分作为衡量球队成功与否的最准确指标。

球员们全力以赴，每一场比赛都努力超越自己。他们不会被记分牌上的得分所困扰，因为传球次数为他们提供了一种准确衡量实际进步的指标。

鞋业线上零售商Zappos的创始人谢家华（Tony Hsieh）从一开始就希望打造全世界最成熟的客服团队。通常情况下，衡量客服工作成功与否的标准是每小时为多少客户提供了服务。但这个衡量标准在谢家华看来毫无意义。他不想只追求效率，还想让客户快乐。因此，Zappos 忽略普通的评分标准，转而记录客服代表超越职责范围满足用户要求的情况，用 Zappos 的说法就是给用户“超出预期的购物体验”的情况。公司会分析这些给用户带来惊喜的时刻，由此制成评分卡。这招似乎奏效了：有一次，谢家华在半夜给 Zappos 的客服打了个匿名电话，问对方自己能否订一个比萨。不久，他就收到了客服发来的一份清单，上面列出了离谢家华最近的 5 家仍在营业的比萨店。

最大化成就感

成就感（reachfulness）是学习的精华所在。当学员竭尽全力朝着目标前进，他们就会收获这种感觉。这条规则的要点是，好的老师、教练或导师会设法优化环境，让人们化被动为主动。这就是为什么优秀的体育教练会避免让运动员参加那种排队等待上场的活动，而是热衷于让球员多去参加小型的、高强度的比赛。不过，成就感这一理念不仅仅适用于体育运动。

2012 年，联合包裹服务公司（United Parcel Service）在司机培训项目上遇到了困难。司机的留用率在下降，与此同时，他们的受伤率和不满情绪在上升。联合包裹服务公司推出了一项新计划作为回应：取消课堂授课，斥资 3 400 万美元建立了一个类似小镇的培训中心，这样学员就可以边做边学了。在新的培训中心，没有人喋喋不休地告诉学员要如何开车、摆放货物或送货，实际上，学员需要亲自动手实践。为了训练学员的平衡感，联合包裹服务公司的培训人员会偷偷地往地板上喷肥皂水，让学员背着一大堆盒子走过地板（学员们都系上了安全吊带，所以不会受伤）。这个计划很成功，员工的留用率、表现和满意度都有所提升。

一些先进的学校通过一种叫作“翻转课堂”（flipping the classroom）的技巧来提高学生的成就感。“翻转课堂”这个概念指的是通过改变传统模式来教学。在传统的教学模式中，学生在课堂上听老师讲课，回家再做巩固强化工作。在“翻转课堂”上，学生们做的事正好相反。他们在家中、在网上听课，在课堂上则积极地参与实际工作：设法理解概念、解决问题。这么做本质上就是让学生有成就感，老师则像教练一样四处走动，对学生进行一对一指导。一项为期一年的针对加利福尼亚州某高中代数课的研究发现，“翻转课堂”的学生比传统课堂的学生的代数考试分数高出 23%。

更重要的是，成为一名好老师意味着要像设计师一样思考。问问你自己：什么样的空间能够造就最有成就感的环境？你怎样才能化被动学习为主动学习？

旨在培养独立的学习者

作为一名老师、教练或导师，你的长期目标是帮助学员运用技能的能力提高到不再需要你的程度。要做到这一点，就要避免让你自己成为学员们关注的焦点。相反，你应该致力于创造一个环境，让学员能够自力更生。客观条件允许的时候，请离开你的学员，为他们创造一些独处时刻。把你的工作想成是在他们的大脑中打造一个小小的“大师 -

教练”牌芯片，芯片中浓缩了你教授的知识、传递的精神，时时刻刻在指导他们前进。

PART 3 第三部分

拥抱重复，把目标埋藏在心底

THE LITTLE BOOK OF TALENT

52 Tips for Improving Your Skills

PART 3

开发天赋就像徒步旅行。你会遇到各种挑战，会碰上障碍物、高原和悬崖峭壁，你的动力也会时强时弱。为了保持进步，你需要在灵活变通和顽固倔强之间自由切换，你需要在应对眼前障碍的同时注视着远方的地平线，简而言之，你要成为一个足智多谋的旅行者。这一部分介绍的技巧旨在为你的旅途提供一些工具。

原则 43
拥抱重复练习

重复练习让人望而生畏。人们倾向于认为它枯燥无趣，但这种看法大错特错。重复练习是帮助我们提高技能的最有力的杠杆，因为它使用了一种内置的转换机制让我们的脑神经运转变得更快、更准确（即髓鞘质，参见本书附录）。

2011 年 5 月，美国海豹突击队第 6 分队突袭了奥萨马·本·拉登的住宅。该分队在北卡罗来纳州和内华达州完美地复制了本·拉登的住所原貌并进行了为期 3 周的演习。海豹突击队模拟了几十次抓捕行动，在这数十次的演习中，他们设定了可能与本·拉登相遇的各种场景。海豹突击队利用重复的力量打通了工作所需的路径。

默伊·诺曼（Moe Norman）是一个害羞的加拿大人，他曾在20世纪六七十年代的职业高尔夫巡回赛上短暂地参加过比赛。在大多数人看来，他也许是史上击球最精准的高尔夫球手。诺曼曾有过17次一杆进洞、3次单轮59杆的成绩。老虎伍兹判断，诺曼是历史上“主导球杆”的两名高尔夫球手之一［另一位是本·霍根（Ben Hogan）］。诺曼年轻的时候就沉迷于重复的力量，他又过于害羞，可能患有孤独症。诺曼从16岁起每天击球800到1 000次，一周练习5天。他手上的老茧长得太厚了，以至于他不得不用刀子把它们削掉。由于情绪不稳定，诺曼很难参加正式比赛。但在1995年的一轮表演赛中，他连续击球1 500次，且每次都落在距球洞15码（约13.7米）内的地方。正如伍兹所说，诺曼“每天醒来都知道自己会打得很好，他准得惊人”。

第三部分
拥抱重复，把目标埋藏在心底

拥抱重复意味着要改变你的思维方式，与其把重复看作是一件苦差事，不如把它看作是你最强大的工具。正如武术家兼演员李小龙所说："我不怕会一万种招式的对手，我怕的是把一种招式练一万遍的对手。"

原则 44
学习蓝领工作者的心态

从远处看，顶级选手似乎过着令人沉醉而安逸的生活。然而，当你凑近了观察，你会发现他们花费大量时间、通过高强度练习打磨自己的技能。他们的心态既不自负也不傲慢，他们完全就是“蓝领”：每天早上起床后，无论喜欢与否，都照常上班。

正如艺术家查克·克洛斯（Chuck Close）所说：“灵感是留给业余爱好者的。”

原则 45
比赛 1 小时，要练习 5 小时

参赛是有趣的，比赛是让人兴奋的，竞赛是激动人心的。但它们也会阻碍你发展技能，原因有以下四点：

1. 有其他人在场会分散你的注意力、降低你的风险偏好，让你远离甜蜜区；
2. 比赛会减少高质量的重复练习次数；
3. 比赛带来的压力扭曲了优先级，迫使选手去走技术的捷径；
4. 比赛鼓励运动员、教练或家长根据得分而不是学到的知识来来评判自己、学员或孩子成功与否。

在位于莫斯科的斯巴达克网球俱乐部，教练们执行着一条简单的规则：年轻球员必须练习满 3 年才能参加竞技比赛（参见原则 10）。虽然我无法想象这样的规则会在今天的社会盛行，但它却反映了斯巴达克网球俱乐部的决心，在给球员们施加扭曲的竞争压力之前，先要帮助他们掌握可靠的正击和反拍等技术。

别曲解我的意思。公开竞技是一件好事，它能向选手们传授关于团队合作的宝贵经验，帮助他们做好情绪管理，而且他们能从比赛中得到很多乐趣。但在很多情况下，竞赛也是一种低效的提高技能的方式。解决这个问题的办法是，把公开竞技视为一个特殊的场景，而不是例行公事。如果能将练习时间与比赛时间的比例控制在 5 比 1，这就是一个很好的开始，当然，如果能控制在 10 比 1 则更好。

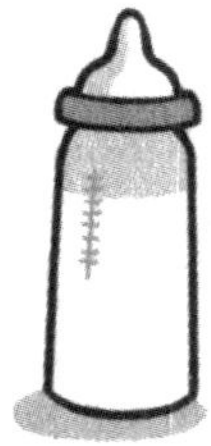

原则 46
试图改掉坏习惯，不如养成新的习惯

当遇到麻烦时，许多人都试图通过改掉坏习惯来从正面解决问题。这种策略显然是行不通的，因为习惯很难改掉，这已经是老生常谈了。这要归咎于我们的大脑。虽然大脑很擅长构建脑回路，但却不擅长拆除它们。尽管你试图改掉坏习惯，但坏习惯已经根深蒂固，它接入了你的脑神经网络，耐心等待着出场机会的到来。

解决这个问题的办法是忽略坏习惯，把精力放在培养新的习惯上，让新习惯覆盖旧习惯。位于加利福尼亚州洛斯阿尔托斯（Los Altos）的害羞诊所（Shyness Clinic）很好地应用了这个技巧，该诊所旨在帮助长期害羞的人群提高他们的社交技能。诊所里的治疗师不会深入研究“病人”的过往，不会试图“修正”任何东西。相反，他们专注于通过适当的社交模式来帮助“病人”培养新的技能：让“病人”通过一系列的、令人紧张的、逐步升级的练习，培养出新的“社交肌肉”。害羞诊所的“病人”首先要做的一个练习就是走到一个陌生人面前询问时间。随着练习的强度逐渐增强，很快“病人”就需要完成向 5 个陌生人询问时间、给熟人打电话或者在电梯里和陌生人聊天等任务。几个月后，一些“病人”的“社交肌肉”就会强大到可以进行终极练习的程度：他们走进一家拥挤的杂货店，把一个西瓜举过头顶，用力砸向地板，并忍受住几十个陌生人的异样目光。杂货店的清理人员会因此很恼火，他们可不像接受练习的“病人”那样喜欢这件事。

要养成新的习惯，你需要慢慢来。起初你可能会自觉愚蠢、笨拙和沮丧，你要做好这样的心理建设——毕竟，新的脑回路还没有构建起来，你的大脑仍然想遵循旧的模式。你需要通过逐步增加难度来一点一点地养成新习惯。这需要时间，但也是养成新习惯的唯一途径。

原则 47
若想学得更深，就要去指点别人

进行练习时，我们本能地倾向于根据技能和年龄把学员分组——这一组 12 岁，那一组 13 岁。然而，许多人才温床都采用开放式的扁平管理措施，把不同年龄段的选手混在一起，即“混合班级”，这样他们就可以互相观察、模仿和学习。我在位于库拉索岛（Curacao）的弗兰克·库里尔球场（Frank Curiel Field）观摩过一场棒球训练，训练的参与者是 90 个年龄在 7 岁到 16 岁之间的孩子。每个年长的球员都与一个年幼的球员配对，教他们如何击球、投球和接球。我在访问过的几所成功的蒙台梭利学校[①]也看到了这种有活力的模式。在那里，混合班级创造出了同样的活力：由年长的孩子指导年幼的孩子。

这么做是有成效的，因为当你向别人传授一项技能时，你自己也会更加深入地理解这项技能。混合班级能给年幼的孩子提供生动的榜样（参见原则 1），并培养年长孩子的同理心。当你看到有人陷入困境并帮助他们渡过难关时，你会在这个过程中提升自己解决问题的能力。俗话说“去指点那些做不到的人”，这句话应该改写为“为别人提供指点的行动者能做得更好”。

---

① 蒙台梭利教育法是由意大利教育家玛丽亚·蒙台梭利（Maria Montessori）创立的一种教育方法，强调协作和探索性学习。蒙台梭利学校的毕业生包括谷歌的创始人谢尔盖·布林（Sergey Brin）和拉里·佩奇（Larry Page）；维基百科创始人吉米·威尔士（Jimmy Wales）；亚马逊创始人杰夫·贝佐斯（Jeff Bezos）；视频游戏设计师威尔·莱特（Will Wright）；厨师茱莉亚·查尔德（Julia Child）；说唱歌手肖恩·康姆斯（Sean Combs）。

原则 48
培养一项新技能至少需要 8 周

说到培养新技能，8 周似乎是一个重要的时间节点。8 周是世界上许多顶级训练项目的时长，从海豹突击队的体能训练项目到梅多蒙特音乐学校的项目，从莫斯科芭蕾舞团的项目再到对“水星”项目宇航员的任务训练，莫不如是。美国麻省总医院的一项研究表明，每天练习冥想 27 分钟，你的大脑会在 8 周内发生持久变化。

当然，这并不意味着你可以在 8 周内精通任何技能。相反，它强调了另外两个基本观点：第一，无论你是谁，构建和打磨脑神经回路都需要时间；第二，韧性和勇气是至关重要的特质，尤其是在早期学习阶段。不要过早地做出判断，即使没有立即看到进步也要坚持下去，你要给自己留下足够的时间去开发天赋。

原则 49
走出瓶颈期最好的方法是努力突破它

你刚开始学习一项新技能时进步很快，然后突然间……停滞不前。我们都知道这种感觉，这被称为“瓶颈期”。事实上，我最近就陷入了瓶颈期，事情发生在家中购买了乒乓球台之后。在乒乓球台买回来的最初几个月里，我每次打球都有进步。然后，突然有一天，进步停止了。这给我带来了困扰，因为我十几岁的儿子尚未陷入瓶颈期，所以他开始碾压我。我们的比分从平手变成 21 比 10，再到 21 比 8。这到底是怎么回事？

当你的大脑实现某种程度的自动化时，换句话说，当你能在无意识的情况下自动运用一项技能时，你就会进入瓶颈期。我们的大脑喜欢“自动驾驶系统”，因为在大多数情况下“自动驾驶系统”都会让我们十分轻松。“自动驾驶系统”让我们可以一边练习一边嚼口香糖、走路或骑自行车，而不用去想太多与练习相关的事，进而解放大脑去做更重要的工作。然而，在开发天赋方面，“自动驾驶系统”是敌人，因为它会导致你停滞不前。

佛罗里达州立大学心理学教授，《剑桥专业知识与专家技能手册》（*The Cambridge Handbook of Expertise and Expert Performance*）的合著者 K. 安德斯·埃里克森博士的研究表明，走出瓶颈期最好的方法是努力突破它，你需要改变你的练习方法，扰乱自己的“自动驾驶系统”，重建一个更快、更好的脑回路。其中一种方法是加快速度，强迫自己比平时更快地完成任务。或者，你可以放慢速度，以凸显出之前未注意到的错误。或者你可以倒着做这件事，把做事的顺序前后颠倒。用哪种方法并不重要，只要能找到方法把自己从自动驾驶状态中拉出来、进入甜蜜区即可。

就我的情况而言，为了走出瓶颈期，我将乒乓球桌垂直放置，将其中一面台面朝外，做成了一堵练习墙。我开始每天花上几分钟对着练习墙打球。一开始，我感到很尴尬，觉得自己方法有误，因为球弹回来的距离比我已经习惯的距离要近一些。球弹回的速度如此之快，使我几乎连球都接不到。但我随后习惯了这样的设置，慢慢适应了更快的节奏，和我儿子的比赛变得更有竞争性，我甚至赢了他几次。

原则 50
有意识地培养勇气

勇气是激情、毅力和自律的混合体，它让我们在面对困难时勇往直前。它并不华丽，而这正是重点所在。在这个世界上，我们经常被才华横溢的表现所吸引，但从长远发展来看，勇气才是至关重要的。

西点军校有一项名为“野兽军营”（Beast Barracks）的残酷夏季训练课程。课程开始前，宾夕法尼亚大学的研究人员安吉拉·达克沃斯（Angela Duckworth）在西点军校的 1 200 名大学一年级学生中展开了一项“勇气测试”以评估勇气对这些学生的影响。勇气测试包含 17 个问题，目的是让学员们评估自己坚持目标的能力、因失败而激发的动力以及面对障碍时战胜它的毅力。实验结果表明，这项用时约两分钟的测试在预测学员能否成功时出奇地准确，准确率远远超过西点军校那套复杂的预测标准。勇气测试包括智力测试、心理测试、平均绩点和身体素质。自那以后，勇气测试就被学校、企业和其他各种组织用来预测被试能否取得成功。

勇气不是天生的。它就像肌肉一样需要开发，而且需要有意识的开发。如有需要，可上网搜索这项测试，根据分数来评估勇气这种品质在你的生活中发挥的作用。例如，勇气遇到阻碍时，你会作何反应？你是倾向于专注一个长期目标，还是不断地改变兴趣点？从长远来看，你在追求什么？从现在开始，关注你在生活的哪个方面具备勇气，并赞美自己和他人的勇气。

原则 51 把远大目标埋藏在心底

虽然对外宣布自己的远大目标是很自然的事，也很诱人，但把它们埋藏在心底才是更明智的做法。2009 年，纽约大学招募了 163 名被试进行了一项实验，实验的内容是在 45 分钟内完成一项困难的工作。一半的被试需要对外宣布他们的目标，而另一半则需要保持沉默。那些对外宣布自己目标的被试的平均放弃时间是在测试开始后的 33 分钟，且对自己的成绩表示满意。然而，那些保持沉默的被试在整整工作 45 分钟后仍然保持着强劲的动力，当实验结束时，他们还想继续工作。

如果你把自己的远大目标告诉别人，会降低你达成这些目标的可能性，因为这会产生一种无意识回报——欺骗我们的大脑，让它误认为我们已经实现了目标。把远大目标埋藏在心底是我们能设定的最明智的目标之一。

原则 52
像园丁一样思考，像木匠一样行动

我们都想快速提高自己的技能，越快越好。但事实上，开发天赋是一个循序渐进的过程。你不应该因为幼苗尚未长成高大的橡树而批评幼苗，你也不应该因为自己的技能开发之路尚处于成长阶段而感到沮丧。相反，你应该坚持每天进行精深练习。

坚持精深练习，它对“像园丁一样思考，像木匠一样行动”这类的习惯大有裨益。我第一次听见这个说法是在斯巴达克网球俱乐部。练习时耐心思考，不要急于做判断，行动之前要想好策略，要清楚如何把每一个技能块拼接成一个更大的整体。

术语表

- **精深练习**（Deep practice），名词，也叫刻意练习。这种学习方式的特点有两个：一是愿意在能力边缘工作，瞄准那些超出能力范围的目标；二是刻意且专注地重复。

- **启发**（Ignition），名词，指激励的过程，你把自己的身份与对未来的长期愿景联系在一起时大脑产生的变化。这一过程会激发大量的潜意识能量，产生启发的标志通常是当你意识到“那就是我想成为的人”之际。

- **达成**（Reach），动词，指为了完成某个目标，稍微做一些超出你目前能力极限的动作，这会让你的大脑形成新的连接。达成的过程中不可避免会犯错，这是你的行动指南，可以用来改进下一次尝试。

- **重复**（Rep.，是 repetition 的缩写），名词，指集中注意力去重复某一动作的行为，这些行为通常因为难度逐渐增加而略有差异。这会加快脑回路的运转速度，并提高其准确性。

- **一万小时法则**（Rule of Ten Thousand Hours），名词，科学研究发现，各领域的所有世界级专家都至少花了一万小时集中练习他们的技能。虽然这个数字有时会被误读为一个神奇的门槛，但在现实中，它的作用就像一条经验法则，强调了一个更广泛的事实：无论你是谁，伟大的成就都不是轻易取得的，而是通过精深练习才能获得的。

- **浅层次练习**（Shallow practice），名词，是精深练习的反义词，指缺乏强度、目标模糊和不愿突破现有能力极限。浅层次练习通常是由厌恶犯错而引起，导致技能学习和获取的速度大大降低。

- **甜蜜区**（Sweet spot），名词，指当前能力边缘的区域，是学习速度最快的地方。甜蜜区出现的标志是频繁发生错误并重视这些错误（参见原则 13）。

附 录

开发天赋新科学：简单谈谈髓鞘质

许多关于天赋的新研究都围绕着大脑展开，这些研究尤为关注一种叫作髓鞘质（myelin）的物质。以下是你需要知道的信息。髓鞘质是一种绝缘体（你可能还记得生物课上的名词“髓鞘”）。这里是指它包裹脑神经的方式与胶带缠绕电线的方式完全相同：它使信号传递得更快，且可以防止信号泄漏。在过去的几百年里，科学家们认为髓鞘质及其相关的细胞并不活跃。毕竟，它看起来像绝缘材料，而且似乎与任何物质都不发生反应。

早期的科学家们错了。事实证明，髓鞘质确实会发生反应，也就是说，髓鞘质会随着脑电活动而生长，这里的脑电活动指的是练习。实际研究表明，髓鞘质的生长速度与练习时间成正比。这是一个简单的系统，可以这样想：你每重复练习一次，大脑就会在那些特定的脑神经上增加一层髓鞘质。你练习得越多，大脑获得的髓鞘质层就越多，信号也就传递得越快越准确，习得的技能也就越多。

“训练时，优秀的运动员体内会发生什么？”加州大学洛杉矶分校的神经学教授乔治·巴特克斯博士问道，“髓鞘质会沿着脑神经发出精确的脉冲，随后脑神经会给包裹着它们的髓鞘质发出信号。在结束所有的训练后，运动员的脑神经得到了改善，这些脑神经就如同包含较大带宽和一条线程的T3线[①]。这就是优秀运动员异于他人的地方。”

一些其他值得了解的事实：

行动是至关重要的。当你产生练习冲动时，髓鞘质不会生长。当你实际练习的时候，当你通过脑神经向髓鞘质发出信号的时候，它会增长。

髓鞘质会包裹神经，但它无法从神经上剥离。与高速公路铺路机一样，髓鞘质的形成是单向的。一旦某个技能对应的髓鞘质形成绝缘体，除非是因为年龄或疾病，否则很难改变。这可以解释为何习惯很难改掉（参见原则 46）。

---

① T3 线也称为丰富套接字，是著名的 Java 中间件软件公司——BEA 公司的内部协议，功能丰富，可扩展性好。套接字可以看成是两个网络应用程序进行通信时，各自通信连接中的端点 T3 是多工双向和异步协议，经过高度优化，只使用一个套接字和一条线程。——译者注

髓鞘质可以持续生长。它会在人类的整个童年时期经历一系列的变化，让人类进入关键的学习期。髓鞘质的净含量在人类 50 岁左右达到峰值，但其工作机制会在人类老年时继续发挥作用，这就是无论年龄多大，我们都能不断学习新东西的原因。

研究表明，髓鞘质的生长与练习有关，并能提高阅读、词汇运用、音乐和体育等多种技能的表现。这项研究仍处于早期阶段，但它有可能把一句老话改写成“熟不能生巧”。练习产生髓鞘质，髓鞘质才能生巧。

要了解更多信息，请阅读《一万小时天才理论》。

未来，属于终身学习者

我们正在亲历前所未有的变革——互联网改变了信息传递的方式，指数级技术快速发展并颠覆商业世界，人工智能正在侵占越来越多的人类领地。

面对这些变化，我们需要问自己：未来需要什么样的人才？

答案是，成为终身学习者。终身学习意味着永不停歇地追求全面的知识结构、强大的逻辑思考能力和敏锐的感知力。这是一种能够在不断变化中随时重建、更新认知体系的能力。阅读，无疑是帮助我们提高这种能力的最佳途径。

在充满不确定性的时代，答案并不总是简单地出现在书本之中。“读万卷书”不仅要亲自阅读、广泛阅读，也需要我们深入探索好书的内部世界，让知识不再局限于书本之中。

湛庐阅读 App：与最聪明的人共同进化

我们现在推出全新的湛庐阅读 App，它将成为您在书本之外，践行终身学习的场所。

- 不用考虑“读什么”。这里汇集了湛庐所有纸质书、电子书、有声书和各种阅读服务。
- 可以学习“怎么读”。我们提供包括课程、精读班和讲书在内的全方位阅读解决方案。
- 谁来领读？您能最先了解到作者、译者、专家等大咖的前沿洞见，他们是高质量思想的源泉。
- 与谁共读？您将加入优秀的读者和终身学习者的行列，他们对阅读和学习具有持久的热情和源源不断的动力。

在湛庐阅读 App 首页，编辑为您精选了经典书目和优质音视频内容，每天早、中、晚更新，满足您不间断的阅读需求。

【特别专题】【主题书单】【人物特写】等原创专栏，提供专业、深度的解读和选书参考，回应社会议题，是您了解湛庐近千位重要作者思想的独家渠道。

在每本图书的详情页，您将通过深度导读栏目【专家视点】【深度访谈】和【书评】读懂、读透一本好书。

通过这个不设限的学习平台，您在任何时间、任何地点都能获得有价值的思想，并通过阅读实现终身学习。我们邀您共建一个与最聪明的人共同进化的社区，使其成为先进思想交汇的聚集地，这正是我们的使命和价值所在。

图书在版编目（CIP）数据

像高手一样行动 / （英）丹尼尔·科伊尔（Daniel Coyle）著；何蓉译. -- 北京：中国纺织出版社有限公司，2021.4（2025.1重印）
书名原文：The Little Book of Talent
ISBN 978-7-5180-8436-4

Ⅰ. ①像… Ⅱ. ①丹… ②何… Ⅲ. ①成功心理-通俗读物 Ⅳ. ①B848.4-49

中国版本图书馆CIP数据核字（2021）第047316号

责任编辑：闫　星　　责任校对：高　涵　　责任印制：储志伟

中国纺织出版社有限公司出版发行
地址：北京市朝阳区百子湾东里A407号楼　邮政编码：100124
销售电话：010—67004422　传真：010—87155801
http://www.c-textilep. com
中国纺织出版社天猫旗舰店
官方微博 http://weibo.com/2119887771
唐山富达印务有限公司印刷　各地新华书店经销
2021年4月第1版　2025年1月第3次印刷
开本：880×1230　1/32　印张：5.125
字数：56千字　定价：59.90元

凡购本书，如有缺页、倒页、脱页，由本社图书营销中心调换